# BEI GRIN MACHT SICH IHR WISSEN BEZAHLT

- Wir veröffentlichen Ihre Hausarbeit, Bachelor- und Masterarbeit

- Ihr eigenes eBook und Buch - weltweit in allen wichtigen Shops

- Verdienen Sie an jedem Verkauf

Jetzt bei www.GRIN.com hochladen und kostenlos publizieren

**Bibliografische Information der Deutschen Nationalbibliothek:**

Die Deutsche Bibliothek verzeichnet diese Publikation in der Deutschen Nationalbibliografie; detaillierte bibliografische Daten sind im Internet über http://dnb.d-nb.de/ abrufbar.

Dieses Werk sowie alle darin enthaltenen einzelnen Beiträge und Abbildungen sind urheberrechtlich geschützt. Jede Verwertung, die nicht ausdrücklich vom Urheberrechtsschutz zugelassen ist, bedarf der vorherigen Zustimmung des Verlages. Das gilt insbesondere für Vervielfältigungen, Bearbeitungen, Übersetzungen, Mikroverfilmungen, Auswertungen durch Datenbanken und für die Einspeicherung und Verarbeitung in elektronische Systeme. Alle Rechte, auch die des auszugsweisen Nachdrucks, der fotomechanischen Wiedergabe (einschließlich Mikrokopie) sowie der Auswertung durch Datenbanken oder ähnliche Einrichtungen, vorbehalten.

**Impressum:**

Copyright © 2013 GRIN Verlag
Druck und Bindung: Books on Demand GmbH, Norderstedt Germany
ISBN: 9783668747470

**Dieses Buch bei GRIN:**

https://www.grin.com/document/432057

Katharina Lurz

# Segregation in deutschen Städten. Warum ist sie so präsent und woher kommt sie?

**Ungleichheit in Städten**

GRIN Verlag

**GRIN - Your knowledge has value**

Der GRIN Verlag publiziert seit 1998 wissenschaftliche Arbeiten von Studenten, Hochschullehrern und anderen Akademikern als eBook und gedrucktes Buch. Die Verlagswebsite www.grin.com ist die ideale Plattform zur Veröffentlichung von Hausarbeiten, Abschlussarbeiten, wissenschaftlichen Aufsätzen, Dissertationen und Fachbüchern.

**Besuchen Sie uns im Internet:**

http://www.grin.com/

http://www.facebook.com/grincom

http://www.twitter.com/grin_com

# Inhaltsverzeichnis

1. Einleitung.................................................................................................1
2. Was ist Segregation?.................................................................................1
3. Formen der Segregation............................................................................1
3.1 Soziale Segregation.................................................................................1
3.2 Ethnische Segregation.............................................................................1
3.3 Demographische Segregation..................................................................2
4. Ursachen der Segregation.........................................................................2
4.1 Ebenen der Segregation..........................................................................2
4.2 aktive und passive Segregation...............................................................2
4.3 Angebots- und Nachfrageseite.................................................................3
5. Effekte der Segregation............................................................................3
6. Messung von Segregation........................................................................5
7. Maßnahmen gegen Segregation...............................................................6
8. Fazit..........................................................................................................7
9. Literaturverzeichnis..................................................................................8

# 1. Einleitung

Segregation ist zur Zeit ein viel diskutiertes Thema. Vor allem in Großstädten hat sie sich in den letzten Jahren deutlich bemerkbar gemacht. Dadurch wurde sie Gegenstand der Forschungen einflussreicher Größen in der Geographie und auch der Soziologie, wie zum Beispiel Jürgen Friedrichs, Micheal May und der Wissenschaftler der Chicagoer Schule.

In dieser Hausarbeit werde ich auf die Segregation und die damit verbundene Ungleichheit in Stadtgebieten eingehen. Ich werde versuchen zu erklären, warum sie in der heutigen Zeit so überaus präsent ist und werde mich in großem Maße auf ihre Ursachen und die damit verbundenen Effekte, die sie in der Zukunft haben wird, konzentrieren. Zuletzt werde ich noch auf das Bund-Länder-Programm *Die Soziale Stadt* eingehen. In dieser Hausarbeit werde ich überdies auf die Frage eingehen, welche Bedeutung Segregation aktuell in deutschen Städten besitzt.

# 2. Was ist Segregation?

Jürgen Friedrichs und Sascha Triemer definierten Segregation wie folgt: „Unter Segregation ist disproportionale Verteilung sozialer Gruppen über die Stadtteile (oder andere räumliche Einheiten) zu verstehen." (Friedrichs u. Triemer 2009: 16).

Der Begriff selbst bezeichnet sowohl den Zustand als auch den Prozess der Segregation. Demnach ist Segregation zum einen ein Zustand der Ungleichverteilung, zum anderen ein Prozess, der einige Zeit andauert. Außerdem hat der Zustand der Segregation auch einen Einfluss auf den weiteren Prozess der Segregation.

# 3. Formen der Segregation

## *3.1 Soziale Segregation*

Soziale Segregation bedeutet die räumliche Differenzierung nach Einkommen, Bildungsstatus oder nach beruflicher Stellung (vgl. May 2012). Die soziale Segregation ist tendenziell höher in großen Industriestädten, wie zum Beispiel Frankfurt am Main, oder in Städten, die kürzlich wirtschaftlich umstrukturiert wurden.

## *3.2 Ethnische Segregation*

Unter ethnischer Segregation ist die ungleiche Verteilung im Raum von Bevölkerungsgruppen zu verstehen, die sich nach ihrer Nationalität oder ihrer Religion differenzieren (vgl. May 2012). Die Segregation der Türken ist zum Beispiel tendenziell höher als die anderer ethnischer Gruppen. Sie haben in der Regel nur weniger oder gar keine Kontakte außerhalb ihrer Gruppe, was sich dann auch im Wohnort niederschlägt. Die Angehörigen der segregierten Gruppen stammen meistens aus spät-industrialisierten Ländern oder früheren Kolonien, was vor allem in London, Großbritannien, der Fall ist.

## *3.3 Demographische Segregation*

Die letzte Segregationsform, die demographische Segregation, ist eine räumliche Differenzierung nach Haushaltstyp, Alter oder auch Lebensphase. (vgl. May 2012)

## 4. Ursachen der Segregation

### *4.1 Ebenen der Segregation*

Erklärungen für die Segregation sind auf verschiedenen Ebenen zu finden. Dangschat (1999) und Friedrichs (1995) unterscheiden hierbei drei verschiedene: Die Makro-Ebene, die Mikro-Ebene und die Individualebene. Auf der Makro-ebene befinden sich die Ökonomie sowie die demographische Entwicklung. Auf der Mikro-ebene befinden sich die Stadtplanung und das Auswahlverfahren der Vermieter bezüglich ihrer Mieter, sowie die Wohnungspolitik. Auf der letzten Ebene, der Individualebene, befinden sich Faktoren wie zum Beispiel die Ressourcen des Einzelnen, die soziale Schicht und der Lebensstil. Hier ist zu beachten, dass die verschiedenen Formen der Segregation eng zusammen hängen.

### *4.2 aktive und passive Segregation*

Zuerst sollte hierbei darauf eingegangen werden, dass nach aktiver und passiver Segregation unterschieden wird. Aktive Segregation bedeutet eine freiwillige Segregation. Viele haben das Verlangen, und die nötigen Ressourcen, in der Nähe von Gleichgesinnten oder Verwandtschaft zu leben. Man hat den Wunsch nach sozialer Homogenität im unmittelbaren Wohnumfeld. Familien mit Kindern hingegen suchen lieber nach einem Wohnort in Gegenden mit weniger Verkehr, geringerer Kriminalitätsrate und qualitativ guten Schulen in der Umgebung. Die passive Segregation hingegen ist eine unfreiwillige Segregation. Hierbei haben die Haushalte nicht die letzte Entscheidungsgewalt. Eine unfreiwillige Segregation kann auftreten durch ein begrenztes Einkommen, die benötigte Mobilität um zu seinem Arbeitsplatz zu gelangen oder durch eine Diskriminierung durch die Vermieter. Von letzterem Punkt sind hauptsächlich Studenten und Ausländer betroffen (vgl. Häussermann 2004).

## 4.3 Angebots- und Nachfrageseite

Des Weiteren werde ich hierbei auf die Angebotsseite eingehen. Diese wird bestimmt durch die Machthaber der Wohnungsversorgung. Grabbert (2008) unterscheidet hierbei nach vier verschiedenen Faktoren, wovon der erste die politische Differenzierung ist. Diese bedeutet, dass Segregation unter anderem durch Stadtplanung und Wohnungspolitik begründet sein kann, denn diese schaffen unterschiedliche Wohnqualitäten an unterschiedlichen Standorten. Als Beispiel könnte hier genannt werden, dass Sozialwohnungen sich in der Regel in wenigen Stadtteilen konzentrieren. Ein weiterer Faktor wäre die ökonomische Differenzierung, die sich aus Unterschieden in den Preisen ergibt. Folglich hängt diese dann eng mit der politischen Differenzierung zusammen, da die Preise unter anderem durch die Qualität der Wohnung bestimmt werden. Des Weiteren gibt es noch die symbolische Differenzierung. Diese wird bestimmt durch den Ruf der Gegend, welcher von Bewohnern sowie dem Stadtbild abhängt. Zuletzt sei die soziale Differenzierung genannt, welche begründet wird durch das Sozialprestige des Stadtteils und durch selektive Wohnungsvergabe. (vgl. Grabbert 2008)

Als nächstes wäre nun die Nachfrageseite zu beachten. Diese richtet sich nach den persönlichen Ressourcen der Wohnungssuchenden. Über je mehr Ressourcen verfügt werden können, desto größer ich auch die Wahlfreiheit bezüglich der Wohnungssuche. Die wichtigste Ressource ist hier natürlich in erster Linie das Vermögen, über das verfügt werden kann. Des Weiteren haben das Haushaltseinkommen, die Kenntnisse des Marktes, die Sprachfähigkeit, und in welchem Maße über soziale Netzwerke verfügt werden kann, Einfluss. Zuletzt wäre hier zu beachten, dass auch ein Anspruch auf eine Sozialwohnung eine Rolle spielen kann. Denn wäre das der Fall, haben die Nachfrager wiederum nicht die Wahl bei einem Standort, sondern müssen in dem Stadtteil siedeln, in dem die Sozialwohnungen zur Verfügung stehen. (vgl. Häussermann u. Siebel 2004)

## 5. Effekte der Segregation

Auch hier sei wieder zu beachten, dass ein enger Zusammenhang zwischen den verschiedenen Formen der Segregation besteht. Oft resultiert soziale Segregation aus ethnischer Segregation, da eine niedrige Qualifikation auf Grund von mangelhafter Sprachfähigkeit oder schlechter Ausbildung zu Problemen auf dem Stellenmarkt führen kann und dies wiederum zu einem geringen Einkommen führt.

Segregation beeinflusst außerdem den Ruf der Wohngegend, denn dieser bildet sich nach dem dort ansässigen Milieu. Allerdings haben auch die Medien einen großen Einfluss auf die Reputation. Schlechtes Prestige führt zu Vorurteilen und somit wird die entsprechende Gegend für andere Bevölkerungsgruppen unattraktiv. Oft fehlt die Bereitschaft von Majoritäten, in solche Gebiete einzuwandern (vgl. Friedrichs u. Triemer 2009: 72). Allerdings hat ein schlechter Ruf nicht nur

Wirkung auf andere sondern auch auf die betroffenen Bewohner. Dieses schlechte Prestige kann zu einer Minderung des Selbstwertgefühls führen, weswegen sich dann nicht genug Mühe bei der Suche nach einer Anstellung gegeben wird. Friedrich Engels formulierte hierzu den Kontexteffekt. Dieser besagt, dass eine schlechte Umgebung einen demoralisierenden Einfluss auf die betroffenen Bewohner hat. Auch kriegen die dort ansässigen Schulen ein weitaus schlechteres Image. Eine Mischung der Bevölkerungsgruppen rückt in immer weitere Ferne, da besser Gestellte zudem auch noch beginnen, die Problemviertel zu verlassen. Der Anteil der Minoritäten wird also immer größer in wenigen betroffenen Stadtteilen (vgl. Häussermann 2004). Grabbert (2008: 66) bemerkte außerdem, dass ein höherer Anteil von Arbeitslosen und Sozialhilfeempfängern sich in vielen Fällen nachteilig auf die Sozialisation und auf soziale Netzwerke auswirkt. Vor allem Ausländer tendieren dazu, unter Ihresgleichen zu siedeln, weswegen sie kaum Kontakte zu anderen Bevölkerungsgruppen knüpfen. Dies wirkt sich in der nächsten Generation auch auf die Kinder aus, da diese hauptsächlich Nichtmuttersprachler als Spielkameraden haben und dessen Sprache und Verhaltensweisen übernehmen. Die Umwelt affektiert die Möglichkeiten dieser Kinder, viele neigen zu Kriminalität und Drogenkonsum (vgl. Musterd 2005). Des Weiteren ist in Gebieten mit einer großen Anzahl ethnischer Minoritäten die Kommunikation unter den einzelnen Gruppen oder zur Aufnahmegesellschaft sehr gering. Hierzu hat Allport die Kontakthypothese formuliert, welche besagt, dass Segregation den Kontakt zur Majorität erschwert. Dies führt dazu, dass man in seinem Umfeld bleibt und die Verhaltensweisen und Wertvorstellungen der Gruppe übernimmt, was einen Kontakt weiter in die Ferne rücken lässt (vgl. Häussermann 2004: 180). Weiterführend hierzu gibt es noch die Konflikthypothese. Diese besagt, dass viele ethnische Gemeinschaften mit unterschiedlichen Lebensweisen nebeneinander das Konfliktpotenzial steigern. Menschen brauchen gleichgesinnte Nachbarn mit ähnlichen Lebensweisen, um sich gänzlich in ihrem Umfeld wohl zu fühlen. Diese Hypothese spricht also klar für Segregation, während ihr Gegenstück, die Kontakthypothese, dagegen ist (vgl. Häussermann und Siebel 2004).

Es ist zu erwarten, dass diese Unterschiede im Raum sich noch weiter verstärken werden. In ohnehin schon armen Wohngebieten wird die Armut weiter steigen auf Grund von selektiven Fortzügen und selektiven Zuzügen. Demnach ist eine Entmischung der Wohngebiete zu erwarten. Auf Grund der zuvor genannten Ursachen und des Kontexteffektes entsteht eine Art Teufelskreis. Wer einmal in solch einem Problemviertel wohnt, kommt so schnell nicht mehr heraus. Die Armen werden wegen verschiedener Faktoren ärmer, während die Wohlhabenderen reicher werden. Friedrichs (2009) ist bezüglich der Entwicklung von Stadtteilen auf Grund seiner Forschungsgebiete der Meinung, dass Sozialhilfeempfänger- und Ausländeranteile in Gebieten, in denen sowieso schon ein hoher Anteil nachgewiesen wurde, noch weiter steigen werden. Die soziale Segregation wird zunehmen und die ethnische Zusammensetzung der Bevölkerung wird heterogener werden. Während die Anteile in einigen Stadtteilen wachsen, werden sie in anderen hingegen abnehmen und in einigen wenigen wird sich keine Veränderung zeigen auf Grund von selektiven Zu- und Fortzügen. Außerdem sei zu bemerken, dass sich Problemviertel tendenziell näher am Stadtkern befinden und sich dann in die umliegenden Gebiete ausbreiten (vgl. Friedrichs u. Triemer 2009).

Jürgen Friedrichs hat zu diesen Themen Studien in unterschiedlichen Städten in den Jahren 1990 und 2005 durchgeführt. In Düsseldorf hat er den Anteil der Sozialhilfeempfänger je Stadtteil untersucht. Dabei hat sich gezeigt, dass es im Jahre 1990 drei Stadtteile mit einem Anteil von 10 – 15 % und im Jahre 2005 gab es schon vier. Die Stadtteile mit einem Anteil von 5 – 10 % haben sich von 18 auf 16 verringert wobei sich die Bereiche mit einem Anteil von 0 – 5 % von 28 auf 29 vermehrt haben. Hierbei sieht man sehr gut den Prozess hin zur stärkeren Segregation. Die Stadtteile mit sehr hohen und sehr geringen Anteilen an Sozialhilfeempfängern nehmen zu, die Teile in der Mitte nehmen ab. Einzelne Stadtteile entmischen sich, während im Hinblick auf das ganze Stadtgebiet eine immer größere Segregation stattfindet. In Bezug auf die Ausländeranteile der einzelnen Stadtteile hat sich in Berlin gezeigt, dass die Stadtteile mit einem Anteil von 30 – 40 % von eins im Jahre 1991 auf zwei im Jahre 2005 gestiegen sind. Die Stadtbezirke mit einem Ausländeranteil von 20 – 30 % sind von drei auf vier gestiegen und die Bezirke mit Anteilen von 10 – 20 % sind sogar von vier auf acht gestiegen, dort haben sie sich also sogar verdoppelt. Die Stadtteile mit Ausländeranteilen von 0 – 10 % hingegen haben sich von 15 auf neun verringert (vgl. Friedrichs u. Triemer 2009).

Allerdings sei zu beachten, dass Segregation nicht immer nur Nachteile mit sich bringt, vor allem auf der individuellen Ebene. Haushalte, die neu dazu ziehen, bekommen sogleich Hilfestellung bei der Eingliederung durch Verwandte, Freunde und Menschen mit ähnlicher Situation. So findet keine Isolation Einzelner statt, da man soziale und psychologische Unterstützung erhält. Die Vorteile der Segregation des Einzelnen begründet sich folglich aus der aktiven Segregation (vgl. Häussermann und Siebel 2004).

## 6. Messung von Segregation

Um Segregation zu messen gibt es verschiedene Ansätze. Einer wäre der Segregationsindex. Die Formel lautet wie folgt:

$$S = \sum_{i=1}^{n} \left| \frac{x1 - y1}{2} \right|$$

Hierbei bezeichnet n die Zahl der Raumeinheiten. X bezeichnet den Prozentsatz der Population A im i-ten Areal und y bezeichnet den Prozentsatz der Gesamtpopulation im i-ten Areal minus der Population A (Rose u. Zimmermann 1997: 39). Der Segregationsindex beschreibt, wie sich die Verteilung einer Bevölkerungsgruppe in Bezug auf den Rest der Bevölkerung verhält. Er misst das Ausmaß, zu dem eine Bevölkerungsgruppe im Vergleich zum Rest ungleich über die Stadt verteilt wohnt. Er kann Zahlen von 1 bis 100 haben, wobei 100 die totale Segregation bedeutet und 1 die totale Mischung.

Eine weitere Maßzahl ist der Dissimilaritätsindex. Dieser wird aus der gleichen Formel berechnet, allerdings bezeichnet x dann den Prozentsatz der Objekte der Population A im i-ten Areal und y den Prozentsatz der Population B (Rose u. Zimmermann 1997: 39). Er misst das Ausmaß, in dem sich die Verteilungen zweier Bevölkerungsgruppen über ein Gebiet ähneln. Auch er kann Zahlen im Bereich von 1 bis 100 betragen. Ebenso wie bei dem Segregationsindex bedeutet 1 die totale Mischung und 100 die totale Segregation. Weitere Maßzahlen wären außerdem der Gini-Koeffizient und der Theil-Index (vgl. Rose u. Zimmermann 1997: 39).

## 7. Maßnahmen gegen Segregation

Das wohl populärste Programm gegen Segregation und soziale Ungleichheit im Allgemeinen ist das Programm *Die Soziale Stadt*. Es ist ein Bund-Länder-Programm, das zum ersten Mal im Jahre 1999 vorgestellt wurde. Die Ansätze dieses Programms sind zum einen Projekte der baulichen Erneuerung, zum anderen die Verbesserung der sozialen Situation. Des Weiteren sollten die Lebensbedingungen des Einzelnen verbessert werden, um problematischen Entwicklungen entgegenzuwirken. Dies soll durch die Nutzung vorhandener Ressourcen erreicht werden. Die Bausteine des Programms sind zum Beispiel die Aktivierung der Bewohner, die Stärkung der lokalen Wirtschaft, die Verbesserung der Wohn- und Lebensbedingungen, und die Verbesserung des sozialen und kulturellen Lebens. Diese Ziele sollen mit verschiedenen Angeboten und Veranstaltungen für die Bürger erreicht werden. Solche wie Netzwerktreffen, Workshops, Sprachkurse, Fortbildungen und die gemeinsame Neugestaltung der Umgebung und öffentlicher Einrichtungen.

Für einen erfolgreichen Ansatz zur Minderung von Segregation müssen nach Meinung von Häussermann und Siebel (2004) die einzelnen Ebenen verbunden werden.

# 8. Fazit

Wichtig ist die Erkenntnis, dass es drei Segregationsformen gibt, die eng miteinander verbunden sind. Denn in vielen Fällen bringt der Ausländerstatus in Deutschland auch weniger Einkommen mit sich, auf Grund von mangelnden Sprachkenntnissen und beruflichen Qualifikationen. Weniger Ressourcen führen zu mehr Einschränkungen bei der Wohnungssuche. Des Weiteren gilt, dass Segregation nicht immer unfreiwillig ist. Die sogenannten Benachteiligten haben sich in manchen Fällen bewusst und somit freiwillig in ihre Segregation begeben. Allerdings ist die Segregation dennoch sehr stark durch die Angebotsseite dominiert. Viele haben keine Wahl bei ihrem Wohnstandort.

Aus den dargestellten Fakten lässt sich ableiten, dass je größer die Einkommensungleichheit in der Bevölkerung ist, desto größer ist die Segregation. Die Segregation wächst ebenfalls, wenn mehr Sozialwohnungen vorhanden sind. Denn vor allem Migranten sind in vielen Fällen darauf angewiesen, und Sozialwohnungen konzentrieren sich oft in wenigen Stadtteilen. Ebenso führt eine hohe Fluktuationsrate in den einzelnen Stadtteilen zu einer höheren räumlichen Differenzierung. Außerdem gilt: Je größer die Stadt und deren Einwohnerzahl, desto größer ist die soziale Segregation (vgl. Friedrichs u. Triemer 2009).

# 9. Literaturverzeichnis

Bähr, J. (1997³): Bevölkerungsgeographie. (Ulmer) Stuttgart.

Dangschat, J. (1999): Modernisierte Stadt, gespaltene Gesellschaft. Ursachen von Armut und sozialer Ausgrenzung. (Leske + Budrich) Opladen.

Friedrichs, J. (1984³): Stadtanalyse. Soziale und räumliche Organisation der Gesellschaft. (Westdeutscher Verlag) Opladen.

Friedrichs, J. (1995): Stadtsoziologie. (Leske + Budrich) Opladen.

Friedrichs, J. und S. Triemer (2009²): Gespaltene Städte? Soziale und ethnische Segregation in deutschen Großstädten. (VS Verlag für Sozialwissenschaften) Wiesbaden.

Grabbert, T. (2008): Schrumpfende Städte und Segregation. Eine vergleichende Studie über Leipzig und Essen. (wvb.) Berlin.

Häussermann, H. und W. Siebel (2004): Stadtsoziologie. Eine Einführung. (Campus) Frankfurt am Main.

Herlyn, U. (1974): Stadt und Sozialstruktur. (Nymphenburger Verlagshandlung) München.

Hillmann, F. und M. Windzio (Hrsg.) (2008): Migration und städtischer Raum. Chancen und Risiken der Segregation und Integration. (Budrich UniPress Ltd.) Leverkusen.

May, M. und M. Alisch (Hrsg.) (2012): Formen sozialräumlicher Segregation. (Barbara Budrich) Opladen.

Musterd, S. (2005): Social and ethnic segregation in Europe. Levels, causes and effects. In: Journal of Urban Affairs, H. 27. S. 331 – 348.

Rose, B. und S. Zimmermann und Fachschaft Geographie (Hrsg.) (1997): Statistik I. Skript. Bonn.

Schrover, M. und J. Van der Leun und C. Quispel (2007): Niches, Labour Market Segregation, Ethnicity and Gender. In: Journal of Ethnic and Migration Studies, H. 33. S. 529 – 540.

Werlen, B. (2000): Sozialgeographie. (Haupt) Bern.

http://www.hegiss.de/profil-des-programms (letzter Aufruf: 19.11.2012)

http://www.soziale-stadt.nrw.de/ (letzter Aufruf: 19.11.2012)

# BEI GRIN MACHT SICH IHR WISSEN BEZAHLT

- Wir veröffentlichen Ihre Hausarbeit, Bachelor- und Masterarbeit

- Ihr eigenes eBook und Buch - weltweit in allen wichtigen Shops

- Verdienen Sie an jedem Verkauf

Jetzt bei www.GRIN.com hochladen und kostenlos publizieren